FIRST GRADE
MATH WORKBOOK
ADDITION AND SUBTRACTION

ADDITION

11	16	18
+ 2	+ 8	+ 2

14	17	19
+ 8	+ 5	+ 8

15	12	19
+ 6	+ 7	+ 4

10	18	12
+ 5	+ 8	+ 4

12	19	10
+ 5	+ 7	+ 3

19	20	16
+ 3	+ 5	+ 2

16	18	19
+ 4	+ 6	+ 1

14	13	11
+ 7	+ 5	+ 6

17 + 3	16 + 3	20 + 1
19 + 9	14 + 6	17 + 8
14 + 5	19 + 6	13 + 8
16 + 6	19 + 2	15 + 5

16 + 7	12 + 6	20 + 2
13 + 6	17 + 9	11 + 8
15 + 8	16 + 1	15 + 1
14 + 2	18 + 4	12 + 8

18	11	15
+ 5	+ 7	+ 4
....	....	....
13	12	13
+ 3	+ 3	+ 7
....	....	....
17	12	12
+ 6	+ 9	+ 2
....	....	....
15	14	19
+ 2	+ 1	+ 5
....	....	....

13 + 4	18 + 7	17 + 4
16 + 5	15 + 3	13 + 1
18 + 3	10 + 7	11 + 9
20 + 7	10 + 6	14 + 9

20 + 4	20 + 8	18 + 1
14 + 4	11 + 3	11 + 4
17 + 7	18 + 9	13 + 9
17 + 2	12 + 1	10 + 2

15 + 9	20 + 3	10 + 4
15 + 7	20 + 9	13 + 2
10 + 8	20 + 6	16 + 9
10 + 1	11 + 5	17 + 1

```
    15            13            11
  +  2         +  7         +  3
  ─────        ─────        ─────

  ..........    ..........    ..........

    15            14            12
  +  6         +  3         +  9
  ─────        ─────        ─────

  ..........    ..........    ..........

    19            17            12
  +  2         +  2         +  2
  ─────        ─────        ─────

  ..........    ..........    ..........

    11            11            19
  +  6         +  2         +  4
  ─────        ─────        ─────

  ..........    ..........    ..........
```

15 + 3	10 + 4	18 + 3
14 + 9	17 + 8	14 + 8
14 + 6	19 + 7	17 + 7
14 + 5	17 + 4	16 + 3

18 + 6	17 + 3	16 + 9
15 + 8	15 + 7	18 + 4
13 + 4	14 + 2	19 + 9
16 + 1	13 + 2	20 + 7

10	12	11
+ 8	+ 7	+ 5
———	———	———
....	....	....
20	20	11
+ 4	+ 5	+ 8
———	———	———
....	....	....
15	13	15
+ 5	+ 6	+ 1
———	———	———
....	....	....
20	14	20
+ 3	+ 4	+ 6
———	———	———
....	....	....

```
    19          12          13
  +  5        +  4        +  3
  _____      _____      _____
  ........    ........    ........

    14          16          20
  +  7        +  8        +  8
  _____      _____      _____
  ........    ........    ........

    11          10          10
  +  4        +  5        +  6
  _____      _____      _____
  ........    ........    ........

    12          13          20
  +  6        +  9        +  2
  _____      _____      _____
  ........    ........    ........
```

18	19	18
+ 2	+ 3	+ 7

19	16	17
+ 1	+ 7	+ 6

15	12	13
+ 4	+ 1	+ 5

11	12	11
+ 1	+ 5	+ 7

11	16	16
+ 9	+ 6	+ 2
———	———	———
....	....	....

10	19	14
+ 7	+ 8	+ 1
———	———	———
....	....	....

10	19	10
+ 9	+ 6	+ 1
———	———	———
....	....	....

16	16	17
+ 4	+ 5	+ 9
———	———	———
....	....	....

17	18	13
+ 5	+ 8	+ 1
———	———	———
....	....	....

13	10	15
+ 8	+ 3	+ 9
———	———	———
....	....	....

18	12	18
+ 1	+ 8	+ 5
———	———	———
....	....	....

17	20	20
+ 1	+ 9	+ 1
———	———	———
....	....	....

```
   15          16          14
  +  1        +  7        +  7
  _____       _____       _____

   .......     .......     .......

   17          14          14
  +  4        +  2        +  3
  _____       _____       _____

   .......     .......     .......

   11          14          12
  +  3        +  1        +  6
  _____       _____       _____

   .......     .......     .......

   10          13          20
  +  2        +  9        +  4
  _____       _____       _____

   .......     .......     .......
```

12	17	13
+ 4	+ 6	+ 3

12	15	14
+ 9	+ 8	+ 9

15	15	17
+ 7	+ 4	+ 1

16	10	18
+ 4	+ 4	+ 1

15	17	18
+ 3	+ 7	+ 2
———	———	———

19	18	18
+ 5	+ 3	+ 4
———	———	———

10	16	17
+ 3	+ 8	+ 2
———	———	———

14	10	19
+ 4	+ 8	+ 1
———	———	———

12	12	13
+ 7	+ 5	+ 4
....	....	....
11	17	15
+ 7	+ 3	+ 2
....	....	....
19	13	18
+ 3	+ 7	+ 8
....	....	....
11	15	20
+ 1	+ 9	+ 2
....	....	....

	12		12		20
+	2	+	8	+	6

	16		19		18
+	2	+	7	+	5

	20		11		17
+	7	+	6	+	8

	19		16		20
+	2	+	6	+	5

17	16	13
+ 9	+ 5	+ 8

16	13	20
+ 3	+ 1	+ 9

19	10	10
+ 8	+ 7	+ 6

18	11	17
+ 6	+ 8	+ 5

13	13	18
+ 5	+ 6	+ 7
_____	_____	_____

11	15	11
+ 4	+ 6	+ 2
_____	_____	_____

10	14	19
+ 9	+ 8	+ 4
_____	_____	_____

16	20	14
+ 1	+ 8	+ 6
_____	_____	_____

13	14	19
+ 2	+ 5	+ 6

16	12	10
+ 9	+ 3	+ 5

12	11	15
+ 1	+ 5	+ 5

19	11	20
+ 9	+ 9	+ 1

10 + 4	11 + 8	17 + 3
12 + 5	11 + 4	20 + 4
19 + 6	13 + 3	16 + 8
15 + 7	15 + 3	20 + 5

16 + 5	10 + 1	14 + 2
15 + 8	14 + 9	20 + 8
19 + 4	11 + 9	15 + 5
20 + 6	19 + 3	19 + 8

18	13	19
+ 8	+ 7	+ 5

13	10	13
+ 8	+ 7	+ 5

13	19	18
+ 6	+ 2	+ 5

14	11	11
+ 6	+ 5	+ 7

11 + 2	16 + 3	14 + 3
....	....	....
17 + 9	13 + 4	14 + 7
....	....	....
15 + 1	20 + 7	18 + 4
....	....	....
19 + 7	12 + 7	20 + 9
....	....	....

```
   12          17          17
 +  1        +  5        +  8
 _____    _____    _____

 ...........  ...........  ...........

   17          17          16
 +  2        +  4        +  2
 _____    _____    _____

 ...........  ...........  ...........

   19          12          12
 +  1        +  2        +  4
 _____    _____    _____

 ...........  ...........  ...........

   14          12          13
 +  5        +  8        +  9
 _____    _____    _____

 ...........  ...........  ...........
```

16 + 1	18 + 6	14 + 8
10 + 3	10 + 8	15 + 2
18 + 2	13 + 2	17 + 6
15 + 4	12 + 3	10 + 6

16	16	19
+ 4	+ 9	+ 9
_____	_____	_____

11	20	14
+ 6	+ 3	+ 1
_____	_____	_____

18	18	17
+ 3	+ 7	+ 7
_____	_____	_____

14	12	12
+ 4	+ 6	+ 9
_____	_____	_____

15	18	16
+ 6	+ 1	+ 6

15	11	11
+ 9	+ 3	+ 1

10	20	20
+ 5	+ 2	+ 1

13	16	10
+ 1	+ 7	+ 9

SUBTRACTION

9 - 4	15 - 7	7 - 2
16 - 2	1 - 1	12 - 2
11 - 9	7 - 4	16 - 4
2 - 2	8 - 6	10 - 3

11	10	5
- 8	- 1	- 3

14	11	5
- 5	- 6	- 4

9	16	14
- 7	- 5	- 8

3	5	15
- 2	- 2	- 6

16 - 6	4 - 2	2 - 1
16 - 3	3 - 3	17 - 7
3 - 1	13 - 2	4 - 4
15 - 8	6 - 5	13 - 6

10 − 2	4 − 1	14 − 1
18 − 2	8 − 7	14 − 4
8 − 1	13 − 4	12 − 6
12 − 7	17 − 2	11 − 1

6 - 3	17 - 5	7 - 5
7 - 3	9 - 6	9 - 8
6 - 2	8 - 4	13 - 5
12 - 8	14 - 2	9 - 3

5	10	12
− 5	− 8	− 5

15	16	4
− 4	− 8	− 3

15	9	18
− 9	− 2	− 7

6	18	11
− 6	− 6	− 7

| 11 | 8 | 10 |
- 2	- 5	- 6

| 12 | 13 | 12 |
- 1	- 8	- 3

| 10 | 9 | 9 |
- 5	- 5	- 1

| 13 | 11 | 16 |
- 7	- 4	- 7

17	10	7
- 3	- 4	- 6

....

18	12	8
- 1	- 4	- 2

....

7	6	13
- 7	- 4	- 9

....

14	6	17
- 3	- 1	- 6

....

4	11	15
− 3	− 3	− 8

2	3	18
− 1	− 2	− 5

17	1	14
− 7	− 1	− 4

13	12	12
− 6	− 7	− 8

7	10	18
− 6	− 6	− 4

8	14	2
− 6	− 3	− 2

16	12	4
− 6	− 2	− 1

12	8	7
− 1	− 2	− 7

10	6	17
− 3	− 2	− 5

17	8	5
− 9	− 4	− 2

13	15	7
− 7	− 2	− 4

10	4	6
− 5	− 2	− 1

16	6	14
− 2	− 4	− 2
___	___	___

13	16	16
− 2	− 3	− 4
___	___	___

8	16	5
− 3	− 8	− 3
___	___	___

17	11	10
− 6	− 6	− 9
___	___	___

3	15	17
- 1	- 1	- 2

6	11	10
- 5	- 7	- 1

11	10	11
- 2	- 2	- 8

3	13	17
- 3	- 8	- 8

| 8 | 18 | 5 |
- 7	- 6	- 4

| 15 | 10 | 15 |
- 6	- 8	- 9

| 12 | 7 | 14 |
- 4	- 5	- 8

| 18 | 13 | 12 |
- 9	- 4	- 6

16	9	11
− 5	− 8	− 4

11	16	13
− 9	− 9	− 3

11	9	6
− 1	− 5	− 3

11	4	15
− 5	− 4	− 3

15	10	17
- 7	- 4	- 3

5	13	15
- 5	- 5	- 4

7	18	9
- 2	- 7	- 2

9	14	10
- 1	- 7	- 7

11 - 9	6 - 2	5 - 4
8 - 5	10 - 5	6 - 3
16 - 3	13 - 4	10 - 2
4 - 2	10 - 4	1 - 1

17	4	4
− 2	− 3	− 1

14	11	17
− 5	− 7	− 5

3	9	5
− 2	− 6	− 3

8	9	10
− 6	− 3	− 1

5 - 1	17 - 1	7 - 1
13 - 7	8 - 4	12 - 7
13 - 6	14 - 7	8 - 8
17 - 4	18 - 4	4 - 4

11	8	14
− 4	− 7	− 3
....	....	....
7	18	9
− 3	− 8	− 7
....	....	....
16	12	2
− 5	− 3	− 2
....	....	....
12	14	9
− 4	− 8	− 1
....	....	....

7 - 2	18 - 2	15 - 8
2 - 1	10 - 8	16 - 8
9 - 5	14 - 6	11 - 2
6 - 5	13 - 8	13 - 5

	8			9			10
-	1		-	4		-	7

	12			7			9
-	8		-	6		-	9

	11			15			7
-	6		-	3		-	5

	16			17			12
-	1		-	7		-	2

8	18	14
- 2	- 1	- 9

18	6	14
- 5	- 4	- 4

15	10	3
- 7	- 6	- 1

12	17	5
- 5	- 6	- 2

13	16	18
− 2	− 9	− 7

14	10	17
− 1	− 3	− 3

6	18	9
− 1	− 6	− 2

15	15	18
− 6	− 4	− 3

2	3	9
− 1	− 2	− 1

8	4	17
− 4	− 3	− 4

16	13	9
− 3	− 7	− 7

6	12	9
− 6	− 4	− 3

17	7	12
− 3	− 5	− 1

5	14	11
− 4	− 6	− 5

1	16	3
− 1	− 2	− 1

12	16	14
− 6	− 6	− 7

18 − 1	2 − 2	15 − 1
7 − 1	12 − 8	14 − 9
8 − 5	14 − 1	13 − 4
10 − 5	8 − 3	15 − 7

10 - 9	5 - 2	6 - 5
12 - 7	7 - 4	6 - 2
11 - 8	3 - 3	15 - 3
17 - 2	5 - 5	18 - 6

```
   14            7           12
 -  5         -  2         -  2
 _____       _____       _____
 ..........   ..........   ..........

   17            8           11
 -  5         -  2         -  6
 _____       _____       _____
 ..........   ..........   ..........

    4           17           13
 -  2         -  1         -  2
 _____       _____       _____
 ..........   ..........   ..........

    9           10           11
 -  6         -  2         -  9
 _____       _____       _____
 ..........   ..........   ..........
```

17	18	18
− 6	− 4	− 7

11	9	16
− 1	− 4	− 7

11	15	4
− 7	− 9	− 4

6	16	15
− 3	− 9	− 5

13	15	9
− 3	− 2	− 5
....	....	....
15	16	5
− 4	− 8	− 1
....	....	....
7	11	14
− 7	− 4	− 2
....	....	....
16	6	7
− 4	− 1	− 6
....	....	....

```
    4          14           7
  - 1         - 4         - 3
  _____       _____       _____

  ...........  ...........  ...........

   18           9          13
  - 8         - 2         - 6
  _____       _____       _____

  ...........  ...........  ...........

   12          18          10
  - 5         - 3         - 3
  _____       _____       _____

  ...........  ...........  ...........

   16          10          10
  - 1         - 4         - 7
  _____       _____       _____

  ...........  ...........  ...........
```

ADDITION AND SUBTRACTION

Grid 1

1	-	1	+	5	=	
-		+		-		+
1	+	5	-	5	=	
+		-		+		+
1	-	1	+	1	=	
=		=		=		=
	+		+		=	

Grid 2

5	-	1	+	4	=	
-		+		-		+
1	+	6	-	2	=	
+		-		+		+
9	-	2	+	9	=	
=		=		=		=
	+		+		=	

Grid 3

3	-	3	+	6	=	
-		+		-		+
3	+	1	-	1	=	
+		-		+		+
2	-	1	+	6	=	
=		=		=		=
	+		+		=	

Grid 4

9	-	5	+	8	=	
-		+		-		+
5	+	4	-	1	=	
+		-		+		+
4	-	3	+	1	=	
=		=		=		=
	+		+		=	

Grid 5

9	-	7	+	3	=	
-		+		-		+
7	+	4	-	1	=	
+		-		+		+
1	-	1	+	6	=	
=		=		=		=
	+		+		=	

Grid 6

2	-	1	+	2	=	
-		+		-		+
1	+	1	-	1	=	
+		-		+		+
7	-	1	+	5	=	
=		=		=		=
	+		+		=	

Puzzle 1

7	-	6	+	7	=	
-		+		-		+
6	+	1	-	1	=	
+		-		+		+
6	-	1	+	10	=	
=		=		=		=
	+		+		=	

Puzzle 2

9	-	9	+	6	=	
-		+		-		+
9	+	5	-	2	=	
+		-		+		+
9	-	4	+	1	=	
=		=		=		=
	+		+		=	

Puzzle 3

6	-	2	+	8	=	
-		+		-		+
2	+	6	-	4	=	
+		-		+		+
10	-	5	+	3	=	
=		=		=		=
	+		+		=	

Puzzle 4

4	-	4	+	9	=	
-		+		-		+
4	+	9	-	9	=	
+		-		+		+
1	-	1	+	3	=	
=		=		=		=
	+		+		=	

Puzzle 5

1	-	1	+	5	=	
-		+		-		+
1	+	3	-	2	=	
+		-		+		+
2	-	1	+	3	=	
=		=		=		=
	+		+		=	

Puzzle 6

4	-	1	+	6	=	
-		+		-		+
1	+	1	-	1	=	
+		-		+		+
2	-	1	+	7	=	
=		=		=		=
	+		+		=	

Grid 1

1	-	1	+	7	=	
-		+		-		+
1	+	1	-	1	=	
+		-		+		+
8	-	1	+	8	=	
=		=		=		=
	+		+		=	

Grid 2

7	-	3	+	7	=	
-		+		-		+
3	+	10	-	1	=	
+		-		+		+
4	-	2	+	10	=	
=		=		=		=
	+		+		=	

Grid 3

8	-	5	+	6	=	
-		+		-		+
5	+	9	-	4	=	
+		-		+		+
2	-	1	+	8	=	
=		=		=		=
	+		+		=	

Grid 4

6	-	1	+	4	=	
-		+		-		+
1	+	3	-	3	=	
+		-		+		+
10	-	2	+	3	=	
=		=		=		=
	+		+		=	

Grid 5

3	-	3	+	6	=	
-		+		-		+
3	+	2	-	2	=	
+		-		+		+
3	-	1	+	1	=	
=		=		=		=
	+		+		=	

Grid 6

8	-	5	+	8	=	
-		+		-		+
5	+	4	-	3	=	
+		-		+		+
4	-	1	+	6	=	
=		=		=		=
	+		+		=	

Grid 1

8	-	4	+	4	=	
-		+		-		+
4	+	1	-	1	=	
+		-		+		+
2	-	1	+	6	=	
=		=		=		=
	+		+		=	

Grid 2

9	-	9	+	5	=	
-		+		-		+
9	+	10	-	1	=	
+		-		+		+
1	-	1	+	4	=	
=		=		=		=
	+		+		=	

Grid 3

10	-	2	+	2	=	
-		+		-		+
2	+	8	-	2	=	
+		-		+		+
6	-	5	+	5	=	
=		=		=		=
	+		+		=	

Grid 4

1	-	1	+	6	=	
-		+		-		+
1	+	6	-	4	=	
+		-		+		+
6	-	1	+	1	=	
=		=		=		=
	+		+		=	

Grid 5

6	-	1	+	3	=	
-		+		-		+
1	+	7	-	3	=	
+		-		+		+
4	-	4	+	7	=	
=		=		=		=
	+		+		=	

Grid 6

6	-	3	+	5	=	
-		+		-		+
3	+	5	-	1	=	
+		-		+		+
4	-	3	+	3	=	
=		=		=		=
	+		+		=	

Grid 1

7	-	7	+	7	=	
-		+		-		+
7	+	8	-	1	=	
+		-		+		+
3	-	1	+	8	=	
=		=		=		=
	+		+		=	

Grid 2

8	-	2	+	9	=	
-		+		-		+
2	+	3	-	2	=	
+		-		+		+
6	-	3	+	4	=	
=		=		=		=
	+		+		=	

Grid 3

2	-	1	+	2	=	
-		+		-		+
1	+	10	-	1	=	
+		-		+		+
2	-	2	+	1	=	
=		=		=		=
	+		+		=	

Grid 4

2	-	1	+	9	=	
-		+		-		+
1	+	8	-	7	=	
+		-		+		+
3	-	3	+	4	=	
=		=		=		=
	+		+		=	

Grid 5

10	-	5	+	9	=	
-		+		-		+
5	+	7	-	4	=	
+		-		+		+
8	-	1	+	10	=	
=		=		=		=
	+		+		=	

Grid 6

3	-	2	+	3	=	
-		+		-		+
2	+	8	-	3	=	
+		-		+		+
1	-	1	+	2	=	
=		=		=		=
	+		+		=	

Puzzle 1

1	-	1	+	1	=	
-		+		-		+
1	+	3	-	1	=	
+		-		+		+
1	-	1	+	9	=	
=		=		=		=
	+		+		=	

Puzzle 2

2	-	2	+	10	=	
-		+		-		+
2	+	8	-	3	=	
+		-		+		+
10	-	5	+	8	=	
=		=		=		=
	+		+		=	

Puzzle 3

3	-	2	+	5	=	
-		+		-		+
2	+	7	-	2	=	
+		-		+		+
1	-	1	+	6	=	
=		=		=		=
	+		+		=	

Puzzle 4

4	-	2	+	5	=	
-		+		-		+
2	+	3	-	1	=	
+		-		+		+
3	-	2	+	10	=	
=		=		=		=
	+		+		=	

Puzzle 5

5	-	4	+	6	=	
-		+		-		+
4	+	3	-	3	=	
+		-		+		+
9	-	1	+	6	=	
=		=		=		=
	+		+		=	

Puzzle 6

1	-	1	+	5	=	
-		+		-		+
1	+	4	-	3	=	
+		-		+		+
5	-	4	+	1	=	
=		=		=		=
	+		+		=	

Grid 1

8	-	5	+	9	=	
-		+		-		+
5	+	5	-	3	=	
+		-		+		+
3	-	3	+	10	=	
=		=		=		=
	+		+		=	

Grid 2

4	-	4	+	4	=	
-		+		-		+
4	+	7	-	2	=	
+		-		+		+
4	-	1	+	5	=	
=		=		=		=
	+		+		=	

Grid 3

3	-	3	+	1	=	
-		+		-		+
3	+	10	-	1	=	
+		-		+		+
1	-	1	+	2	=	
=		=		=		=
	+		+		=	

Grid 4

1	-	1	+	3	=	
-		+		-		+
1	+	6	-	3	=	
+		-		+		+
3	-	2	+	10	=	
=		=		=		=
	+		+		=	

Grid 5

6	-	6	+	1	=	
-		+		-		+
6	+	8	-	1	=	
+		-		+		+
7	-	6	+	7	=	
=		=		=		=
	+		+		=	

Grid 6

4	-	1	+	1	=	
-		+		-		+
1	+	6	-	1	=	
+		-		+		+
9	-	6	+	7	=	
=		=		=		=
	+		+		=	

Grid 1

8	-	7	+	5	=	
-		+		-		+
7	+	4	-	1	=	
+		-		+		+
4	-	1	+	1	=	
=		=		=		=
	+		+		=	

Grid 2

1	-	1	+	5	=	
-		+		-		+
1	+	3	-	1	=	
+		-		+		+
10	-	1	+	4	=	
=		=		=		=
	+		+		=	

Grid 3

5	-	3	+	3	=	
-		+		-		+
3	+	8	-	1	=	
+		-		+		+
10	-	5	+	1	=	
=		=		=		=
	+		+		=	

Grid 4

8	-	8	+	4	=	
-		+		-		+
8	+	6	-	4	=	
+		-		+		+
9	-	5	+	4	=	
=		=		=		=
	+		+		=	

Grid 5

6	-	4	+	6	=	
-		+		-		+
4	+	8	-	3	=	
+		-		+		+
7	-	5	+	8	=	
=		=		=		=
	+		+		=	

Grid 6

6	-	1	+	9	=	
-		+		-		+
1	+	5	-	1	=	
+		-		+		+
4	-	4	+	6	=	
=		=		=		=
	+		+		=	

Grid 1

9	−	7	+	4	=	
−		+		−		+
7	+	2	−	2	=	
+		−		+		+
3	−	1	+	4	=	
=		=		=		=
	+		+		=	

Grid 2

9	−	8	+	3	=	
−		+		−		+
8	+	6	−	2	=	
+		−		+		+
9	−	4	+	9	=	
=		=		=		=
	+		+		=	

Grid 3

2	−	2	+	7	=	
−		+		−		+
2	+	3	−	3	=	
+		−		+		+
9	−	1	+	4	=	
=		=		=		=
	+		+		=	

Grid 4

2	−	2	+	1	=	
−		+		−		+
2	+	3	−	1	=	
+		−		+		+
3	−	3	+	6	=	
=		=		=		=
	+		+		=	

Grid 5

6	−	5	+	8	=	
−		+		−		+
5	+	5	−	1	=	
+		−		+		+
10	−	2	+	7	=	
=		=		=		=
	+		+		=	

Grid 6

6	−	4	+	10	=	
−		+		−		+
4	+	1	−	1	=	
+		−		+		+
8	−	1	+	6	=	
=		=		=		=
	+		+		=	

Grid 1

6	-	5	+	3	=	
-		+		-		+
5	+	1	-	1	=	
+		-		+		+
2	-	1	+	1	=	
=		=		=		=
	+		+		=	

Grid 2

3	-	2	+	2	=	
-		+		-		+
2	+	2	-	1	=	
+		-		+		+
10	-	2	+	10	=	
=		=		=		=
	+		+		=	

Grid 3

9	-	5	+	5	=	
-		+		-		+
5	+	9	-	1	=	
+		-		+		+
1	-	1	+	1	=	
=		=		=		=
	+		+		=	

Grid 4

10	-	5	+	5	=	
-		+		-		+
5	+	5	-	3	=	
+		-		+		+
1	-	1	+	4	=	
=		=		=		=
	+		+		=	

Grid 5

1	-	1	+	3	=	
-		+		-		+
1	+	1	-	1	=	
+		-		+		+
8	-	1	+	6	=	
=		=		=		=
	+		+		=	

Grid 6

4	-	1	+	2	=	
-		+		-		+
1	+	1	-	1	=	
+		-		+		+
3	-	1	+	3	=	
=		=		=		=
	+		+		=	

Puzzle 1

8	-	7	+	9	=	
-		+		-		+
7	+	8	-	4	=	
+		-		+		+
8	-	8	+	3	=	
=		=		=		=
	+		+		=	

Puzzle 2

6	-	1	+	8	=	
-		+		-		+
1	+	5	-	5	=	
+		-		+		+
7	-	2	+	9	=	
=		=		=		=
	+		+		=	

Puzzle 3

2	-	1	+	4	=	
-		+		-		+
1	+	8	-	2	=	
+		-		+		+
10	-	6	+	9	=	
=		=		=		=
	+		+		=	

Puzzle 4

1	-	1	+	6	=	
-		+		-		+
1	+	2	-	1	=	
+		-		+		+
10	-	2	+	8	=	
=		=		=		=
	+		+		=	

Puzzle 5

8	-	3	+	7	=	
-		+		-		+
3	+	3	-	2	=	
+		-		+		+
2	-	2	+	7	=	
=		=		=		=
	+		+		=	

Puzzle 6

5	-	5	+	3	=	
-		+		-		+
5	+	10	-	2	=	
+		-		+		+
2	-	2	+	7	=	
=		=		=		=
	+		+		=	

Grid 1

8	−	1	+	6	=	
−		+		−		+
1	+	8	−	1	=	
+		−		+		+
9	−	5	+	2	=	
=		=		=		=
	+		+		=	

Grid 2

5	−	5	+	4	=	
−		+		−		+
5	+	10	−	4	=	
+		−		+		+
9	−	9	+	9	=	
=		=		=		=
	+		+		=	

Grid 3

3	−	3	+	7	=	
−		+		−		+
3	+	2	−	2	=	
+		−		+		+
8	−	1	+	9	=	
=		=		=		=
	+		+		=	

Grid 4

7	−	2	+	2	=	
−		+		−		+
2	+	8	−	1	=	
+		−		+		+
8	−	8	+	9	=	
=		=		=		=
	+		+		=	

Grid 5

8	−	5	+	9	=	
−		+		−		+
5	+	9	−	5	=	
+		−		+		+
7	−	5	+	7	=	
=		=		=		=
	+		+		=	

Grid 6

10	−	1	+	5	=	
−		+		−		+
1	+	7	−	5	=	
+		−		+		+
8	−	7	+	9	=	
=		=		=		=
	+		+		=	

Puzzle 1

3	-	3	+	6	=	
-		+		-		+
3	+	3	-	1	=	
+		-		+		+
4	-	2	+	8	=	
=		=		=		=
	+		+		=	

Puzzle 2

5	-	5	+	6	=	
-		+		-		+
5	+	8	-	5	=	
+		-		+		+
3	-	3	+	8	=	
=		=		=		=
	+		+		=	

Puzzle 3

1	-	1	+	3	=	
-		+		-		+
1	+	3	-	1	=	
+		-		+		+
1	-	1	+	6	=	
=		=		=		=
	+		+		=	

Puzzle 4

3	-	1	+	2	=	
-		+		-		+
1	+	7	-	1	=	
+		-		+		+
6	-	1	+	9	=	
=		=		=		=
	+		+		=	

Puzzle 5

4	-	3	+	7	=	
-		+		-		+
3	+	4	-	3	=	
+		-		+		+
7	-	4	+	2	=	
=		=		=		=
	+		+		=	

Puzzle 6

4	-	4	+	10	=	
-		+		-		+
4	+	2	-	1	=	
+		-		+		+
9	-	1	+	9	=	
=		=		=		=
	+		+		=	

Grid 1

9	−	6	+	5	=	
−		+		−		+
6	+	5	−	4	=	
+		−		+		+
10	−	3	+	4	=	
=		=		=		=
	+		+		=	

Grid 2

2	−	2	+	3	=	
−		+		−		+
2	+	6	−	3	=	
+		−		+		+
7	−	3	+	8	=	
=		=		=		=
	+		+		=	

Grid 3

7	−	4	+	8	=	
−		+		−		+
4	+	5	−	3	=	
+		−		+		+
5	−	5	+	4	=	
=		=		=		=
	+		+		=	

Grid 4

3	−	1	+	6	=	
−		+		−		+
1	+	7	−	3	=	
+		−		+		+
8	−	4	+	6	=	
=		=		=		=
	+		+		=	

Grid 5

5	−	3	+	1	=	
−		+		−		+
3	+	7	−	1	=	
+		−		+		+
9	−	7	+	2	=	
=		=		=		=
	+		+		=	

Grid 6

3	−	3	+	10	=	
−		+		−		+
3	+	5	−	3	=	
+		−		+		+
2	−	2	+	3	=	
=		=		=		=
	+		+		=	

Grid 1

7	-	1	+	4	=	
-		+		-		+
1	+	2	-	2	=	
+		-		+		+
1	-	1	+	7	=	
=		=		=		=
	+		+		=	

Grid 2

10	-	10	+	9	=	
-		+		-		+
10	+	2	-	2	=	
+		-		+		+
6	-	2	+	8	=	
=		=		=		=
	+		+		=	

Grid 3

6	-	4	+	3	=	
-		+		-		+
4	+	7	-	2	=	
+		-		+		+
5	-	5	+	2	=	
=		=		=		=
	+		+		=	

Grid 4

1	-	1	+	10	=	
-		+		-		+
1	+	9	-	7	=	
+		-		+		+
1	-	1	+	7	=	
=		=		=		=
	+		+		=	

Grid 5

7	-	5	+	4	=	
-		+		-		+
5	+	5	-	4	=	
+		-		+		+
4	-	4	+	1	=	
=		=		=		=
	+		+		=	

Grid 6

3	-	3	+	3	=	
-		+		-		+
3	+	10	-	1	=	
+		-		+		+
7	-	7	+	2	=	
=		=		=		=
	+		+		=	

Grid 1

9	-	5	+	9	=	
-		+		-		+
5	+	10	-	2	=	
+		-		+		+
7	-	6	+	5	=	
=		=		=		=
	+		+		=	

Grid 2

2	-	2	+	3	=	
-		+		-		+
2	+	5	-	1	=	
+		-		+		+
9	-	1	+	1	=	
=		=		=		=
	+		+		=	

Grid 3

8	-	3	+	3	=	
-		+		-		+
3	+	1	-	1	=	
+		-		+		+
5	-	1	+	1	=	
=		=		=		=
	+		+		=	

Grid 4

4	-	1	+	8	=	
-		+		-		+
1	+	3	-	2	=	
+		-		+		+
3	-	2	+	10	=	
=		=		=		=
	+		+		=	

Grid 5

9	-	6	+	10	=	
-		+		-		+
6	+	2	-	1	=	
+		-		+		+
8	-	1	+	8	=	
=		=		=		=
	+		+		=	

Grid 6

7	-	3	+	6	=	
-		+		-		+
3	+	3	-	1	=	
+		-		+		+
2	-	2	+	8	=	
=		=		=		=
	+		+		=	

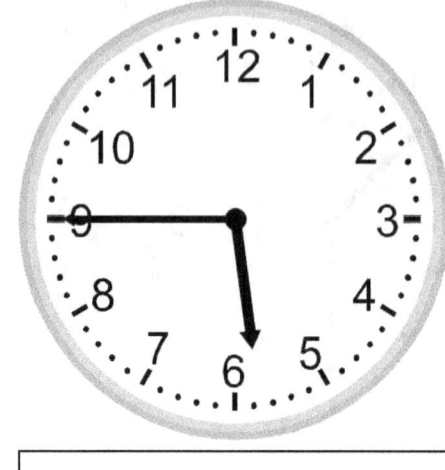

10:00

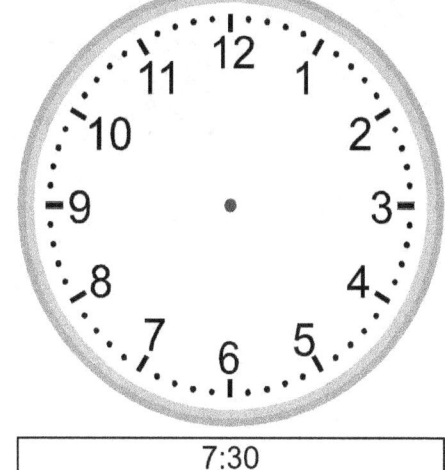

7:30

2:45

9:00

7:15

9:30

9:15

3:45

6:45

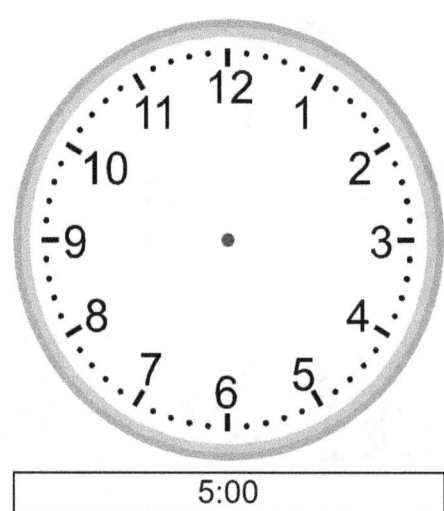

5:00

2:15

7:00

6:15

10:15

4:45

4:15

8:15

8:00

2:00

5:30

11:00

1:45

6:30

1:30

12:00

5:45

9:45

8:30

6:00

11:30

| 1:15 |

| 4:00 |

| 5:15 |

| 12:15 |

| 1:00 |

| 4:30 |

| 2:30 |

| 7:45 |

| 3:00 |

| 11:15 |

| 12:30 |

| 3:15 |

3:30

12:45

10:45

11:45

11:00

10:30

www.ingramcontent.com/pod-product-compliance
Lightning Source LLC
Chambersburg PA
CBHW081520220526
45467CB00010B/2994